U0054468

纖瘦醋

>>>瘦身健康醋DIY

Low-fat vinegar

推薦序 1

保持身材窈窕的養生方法，非喝醋莫屬

現代人過著繁忙而攝取多量肉類、高蛋白食物的生活，因此呈現酸性體質，抵抗力差，又容易肥胖，保持身材窈窕的養生方法何處尋？最簡單易行的，非喝醋莫屬。

美國TIME雜誌曾於2002年依據重要科學家的票選，列出十大天然、抗癌的健康食材，大蒜、蕃茄都躋身其中，自古以來，大蒜就是民間殺菌消炎的良方，埃及建金字塔時防肺炎、二次世界大戰南太平洋叢林戰時期防瘧疾，大蒜均發揮過奇效，但大蒜在烹飪時一旦超過60℃，蒜素等營養成份就很可惜地被破壞掉了，浸泡製醋是去除辛辣味兼能保存營養的絕佳點子，尤能分解體內多餘的脂肪，不會讓人瘦得皮膚鬆垮，失去彈性，還可降血脂、降膽固醇。

蕃茄則須經加工、加熱，才能使迸開的細胞壁釋放出高營養的茄紅素，同樣地，浸漬成醋是萃取茄紅素的妙法，醋中富含氨基酸，提高免疫力，調整酸性體質為正常的體質，最有助益，欣喜台灣醋王之家提供手工純釀的種種好醋，由主廚徐因巧思調製纖瘦醋大全，帶動醋飲美食跨進全新的領域，把好東西與大家分享，引序推介，與有榮焉。

英國牛津大學生化博士、朝陽科技大學教授

借重好「醋」方，身心都健美

人生際遇難料，最初是幫姑姑的夫家代售已有百年歷史、遵古法釀造五印醋和麥草陳年醋，沒想到遭逢妻子腦瘤過世之慟，悟出她因美髮工作長期接觸大量染髮燙髮化學藥劑，加上多年來服用止痛藥，腦血管硬化，竟發病撒手，於是我積極研發釀造各種水果醋、香草醋、藥草醋，希望推廣醋的養生功效。

愛美是人的天性，追求窈窕瘦身一定要得法，瘦得健康、安全，不帶後遺症，否則得不償失。身體必然需要足夠的營養和水份，不能在減肥的前提下被犧牲掉；早餐吃得好，就不會百病叢生、疲倦無力，會累積過多熱量的宵夜就最好免除，因為這正是脂肪贅肉的來源，還會發作高血壓、心臟病，至於化學原料冰醋酸調味出來的速成醋，戕害健康，遠離為妙。

善用純正的好醋來調節酸性體質，消化體內多餘的脂肪，補充氨基酸，防止細胞病變，美顏抗老化，新陳代謝有活力，不但是我們中國老祖宗遺留下來的保健秘方，值得珍視推介，重新認識和採行，個人謹以專業傳統釀醋並獲得食品工業發展研究所檢驗報告書證實含有天然氨基酸、抗氧化成分、分解脂肪及澱粉酵素的麥草醋，提供本書纖瘦飲品的製作，紀念妻子，並祝普天下女性借重好「醋」方，調整內分泌系統，身心都健美。

醋王之家負責人

李錦銘

喝醋好處多

對抗包括肥胖在內的現代各種文明病，喝醋好處多，醋醋有生機

一般而言，中國的原醋以米、麥、高粱或酒糟加上糖、鹽，靜置於陶缸一年半以上發酵製成，成為可當沾醬、調味醬汁的黑醋，或以米、小麥草加酒糟放入陶缸一年以上靜置發酵，製成可加水稀釋飲用的白醋，也可做為各種水果、香料、養生醋的基底醋；義大利等西洋的原醋又稱香醋，係把熟成葡萄蒸煮成漿，放進大木桶中12年以上製成醋，可直接加水稀釋飲用或做為調味醋、沾用醋，而蘋果醋則是各種水果醋的基底醋，相當普遍。

天然釀造醋對健康的好處是富含人體必需的氨基酸，能調理酸性體質轉為健康的鹼性體質，順氣消脹，淨化血管，降低三酸甘油脂，預防中老年心血管慢性病，生津止渴，消除疲勞，增強免疫力，預防感冒和病毒感染，增進新陳代謝，減緩肌膚和臟腑老化的速度，美容又消脂。

拿醋來為沙拉、菜餚或飲料增添風味，不僅味健康加分，亦能開胃；古希臘名醫希波克拉底肯定醋酸緩治蟲叮發炎和幫助消化的功

效，時至今日，醋更成為排毒減肥的最佳良方，歐美流行實施蘋果醋、天然果汁、香草植物茶加上礦泉水的一週減肥法，飢餓時佐食生機蔬果、芽菜、優酪乳、果仁、全麥吐司，減重不萎靡，清新有精神，在台灣，愛美女士也漸漸以天然醋汁或拌調的醋飲料來取代碳酸飲料、化學香料合成果汁，更把醋汁加入正餐、點心裡，低熱量、高礦物質，享「瘦」得輕鬆、有效。

本書第一部份〈瘦醋DIY〉教讀者以各種隨手可得的水果、蔬菜、花草植物簡單製作成纖瘦健康醋，喝了很快就有飽足感，能抵抗嘴饞誘食的暴飲暴食，常喝就能達到最優的溫補、減脂效益。第二部份〈纖瘦健康醋飲〉則是將自製的醋飲添加更多的蔬果及健康食物，製作出適合各種體質人飲用的多功能醋，如茄蒜飲是大蒜醋加蕃茄汁、檸檬汁，可消積解毒、殺菌抗病、減肥抗老，強化肝臟機能。第三部份〈醋的小點〉將醋運用於沙拉、涼品中，讓美食更添新風味。書末外加敷臉、泡浴、按摩「醋」方，裡應外合，從上到下，完美工程居家就見效，經濟又實惠，這麼好的秘笈範本，你千萬可別再錯過了。

喝醋減脂功效好

據衛生署統計的數據指出：國人肥胖比例明顯增加，每四人中就有一人超重，而另外三個人也不滿意自己有小腹、手臂、大腿等局部肥胖的問題，無怪乎減肥成了全民運動。

減肥花招百出，卻每每令人擔心有副作用，抽脂、胃囊縮小等手術減肥法是一類，針灸、穴位埋線法是一類，高纖、無油、高蛋白減肥法是一類，水果或代餐、甚至斷食減肥法是一類，藥物、腹瀉法又是另一類，不一而足，然而，肥胖與遺傳因素、生活習性有關，最好還是從了解根本因由著手，再配合適度的運動、改變不當飲食型態，例如少吃油炸高脂肪、高熱量、高糖分的食物，不吃零食和宵夜、點心，方能減肥有效率，健康沒疑慮。

喝醋就是兼顧到健康和減脂的良策，每天一杯醋飲，並常在菜色中添加富含氨基酸、有機酸的醋汁，即可利尿通便，排廢排毒，促進脂肪和糖分的新陳代謝；建議你仍應注重飲食營養，進餐七分飽或減量飲食為宜，切忌未經中、西醫師檢測體質即驟然斷食，反而損及身體的正常機能。

聰明喝醋有學問

醋雖然是鹼性食品，但酸性的醋喝入人體後，需經消化系統作用才轉化成鹼性；所以應避免一早或空腹飲用，否則傷胃，腸胃功能不佳或有消化道潰瘍的人應於餐後才能飲醋。

直接喝未經稀釋的的原醋汁可能會嗆喉，灼傷食道、胃部，剛開始喝醋人的應該把原醋調合至少10倍以上的水稀釋調勻再喝，也可以把醋加入果汁中一起喝。

天然釀造的原醋，最好在要喝以前才加水稀釋，稀釋後如果不能一次喝完則應放進冰箱冷藏，並趁鮮儘早飲畢，以保持活性，獲致食療機能，發揮效能。

好醋的辨識法是搖晃後發現泡沫細又多，持久不消，散發著自然的芳香味，口感溫順止渴，坊間充斥的化學合成醋、果汁香料加工醋，儘管貼上「保證天然」等標籤，嘗起來卻是嗆鼻刺激或過份香甜的化學味，對人體五臟六腑有強酸腐蝕壞處，絕對要慎選遵循古法釀製的天然醋才好。

中年以上婦女、老年人等骨質疏鬆者，少量喝醋可以加強鈣質的吸收，但不宜天天飲醋，過量反而會妨礙鈣質的正常代謝，以致骨質疏鬆更嚴重。

在喝醋後漱個口，可預防醋汁酸化侵蝕牙齒。

在服用磺胺類、氧化鎂、碳酸氫鈉一類的西藥時，不宜喝醋，會抵銷藥物的作用。

目錄 contents

PART ONE
瘦醋DIY

PART TWO

纖瘦健康醋飲

PART THREE

醋的小點

PART ONE

瘦醋DIY

以陳年醋為基醋，加上想要浸製的水果或香草植物，
放置在乾燥的玻璃容器裡，一般經存放2個月以上即可食用，
建議飲用時再視個人口感添加冰糖或蜂蜜，才不會過酸。

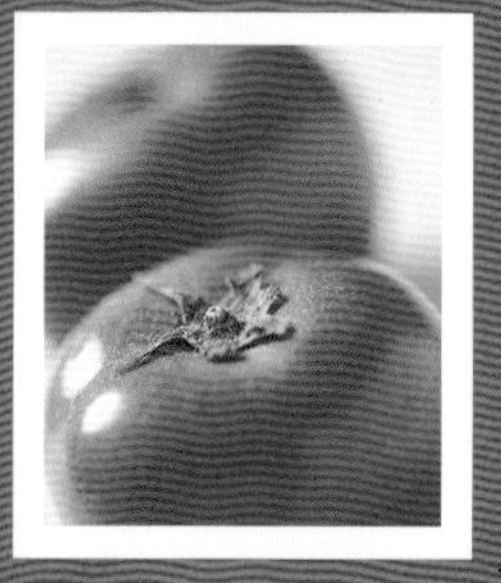

蕃茄醋

Tomato vinegar

防癌養生一品醋

【材料】

- 紅透的蕃茄1,000g.（不要選擇太大的）
- 陳年醋1,500c.c.
- 冰糖少許（約50g，也可不加）
- 玻璃罐1個（乾淨的、乾燥的，可先洗淨後晾乾）

【做法】

1. 蕃茄洗淨後擦乾表面的水份，蕃茄可切開，不切也可。
2. 將蕃茄放進玻璃罐中，加入陳年醋和冰糖少許，蓋好蓋子密封，也可以在罐口平放上一大張乾淨塑膠紙後，再蓋好蓋子密封，較不會跑進空氣，日後也較好打開。

【飲用方法】

飯後以8倍水稀釋飲用。

◆**聰明吃醋**：陳年醋是小麥草加糯米遵遁古法以靜置醱酵法釀造18個月以上製成，富含維生素E、氨基酸和分解酵素，有助細胞新陳代謝、防止肌膚老化、生斑，美容又減肥，以陳年醋為基底醋而製作的水果醋、香草醋等，僅需45天即可充分釋放出營養精華，製醋時可以不加冰糖，等到開封飲用前再依個人口味酌加冰糖或蜂蜜即可。

◆蕃茄醋富含維生素A、C、礦物質、葉酸，雖未經煮熟，但經浸泡陳年醋後，茄紅素一樣可發揮效果，抗氧化、幫助消化、高纖美容，還可抑制癌細胞的增生。

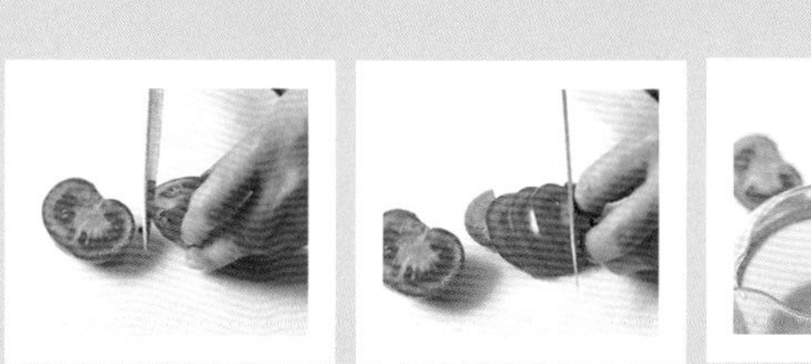

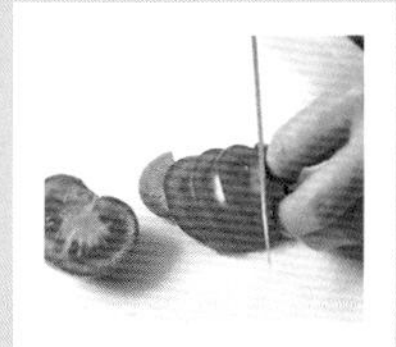

柳橙醋 C多養顏美容醋

【材料】

■ 柳橙500g. ■ 陳年醋800c.c. ■ 冰糖200g.

【做法】

1.柳橙洗淨，擦乾水份。

2.柳橙切片，放進玻璃罐，加入陳年醋、冰糖密封。

3.存放3個月後即可飲用。

【飲用方法】

飯後以8倍水稀釋飲用。

◆聰明吃醋：柳橙醋含有豐富的維他命C、礦物質，能預防感冒，防止細胞老化，維持良好的血液酸鹼度，並有改善發熱症的功效，夏天飲用能清熱除躁，抗氧化、養顏。

黑裡帶俏長青醋

【材料】

- 紫紅葡萄1,000g.
- 陳年醋1,200c.c. ■ 冰糖200g

【做法】

1. 葡萄洗淨後，擦乾表面的水份。
2. 將葡萄放進玻璃罐中，加入陳年醋和冰糖，蓋好蓋子密封。
3. 存放5個月後即可飲用。

【飲用方法】

飯後以8倍水稀釋飲用。

◆聰明吃醋：葡萄醋補氣養血，能潤肺、促進氣血循環而使末梢神經循環系統不良以致冬天手腳冰冷的女性，獲得改善，幫助入眠，並富含鈣、鐵、磷等礦物質，降膽固醇，預防心血管疾病，抗氧化、老化，是四季皆宜的好醋。葡萄宜選擇紫紅葡萄最佳，越大顆的葡萄做出來的醋汁越漂亮。

Apple vinegar 蘋果醋

助消化窈窕好醋

【材料】

■ 蘋果1,000g. ■ 陳年醋1,500c.c.

【做法】

1.蘋果洗淨切塊，放入玻璃罐中。
2.加入1,500c.c.陳年醋及少許冰糖，密封。
3.存放3個月後即可飲用。

【做法】

飯後以8倍水稀釋飲用。

◆**聰明吃醋：**採用的蘋果如果是本土有機栽種的蘋果，可以不用削皮，若用進口蘋果，因表皮有蠟，一定要去皮，蘋果醋是女性美容窈窕的最理想果醋，紅潤皮膚，幫助消化，改善便秘，增進腸胃健康，預防肥胖。

◆**來泡澡：**把約50c.c.的蘋果醋倒入溫熱的浴缸水中，泡澡15分鐘，水溫不宜熱燙，以全身泡得舒服為宜，護理女性肌膚不過敏，柔緊滑潤。

高纖C多美白醋 奇異果醋

Kiwi vinegar

【材料】

■ 奇異果醋600g. ■ 陳年醋1,200c.c.■ 冰糖少許

【做法】

1. 奇異果去皮，取果肉。
2. 切好的奇異果不要沾到生水，和陳年醋、冰糖一起放進玻璃罐中，密封。
3. 存放3個月後即可飲用。

【飲用方法】

平常飲用時，可用冷開水或溫開水稀釋8倍飲用，還可加入幾滴新鮮薄荷汁，更添夏日清涼風味！

◆聰明吃醋：奇異果醋所含的維生素C是水果中的冠軍，可防止體內細胞不當的增生，避免皮膚長瘤，高纖助消化，美白肌膚，消除疲勞，預防感冒。

鳳梨醋 生津解渴纖美醋

【材料】

■ 鳳梨1個（約1,500g.）■ 陳年醋2,000c.c.

【做法】

1.鳳梨去皮、切塊。

2.將鳳梨放入玻璃罐中，加入陳年醋，密封。

3.存放3個月後即可飲用。

【飲用方法】

飯後以8倍水稀釋飲用。

◆聰明吃醋：陳年醋依個人口感需求，可在稀釋時添加冰糖調味，冰糖解熱解乾渴，滋潤心肺、腸脾，選擇鳳梨醋製一定要選新鮮鳳梨，才有能量、效果，常喝可生津利尿、保持身材纖瘦，因鳳梨本身已有甜份，可不必加冰糖。

Lemon vinegar
檸檬醋
去斑排毒窈窕醋

【材料】

■ 檸檬1,000g.■ 陳年醋1,200c.c.■ 冰糖250g

【做法】

1.檸檬洗淨，擦乾水份，橫切4片，去籽。
2.檸檬與陳年醋、冰糖一起裝進玻璃罐，密封。
3.存放3個月後即可飲用。

【飲用方法】

不宜在早起後、飯前即飲用，以免體質虛冷、女性傷胃傷身，宜飯後飲用，添加1小匙有機橄欖油可溫和護胃，有類似義大利油醋汁的味道，再加少許蜂蜜會較美味。

◆**聰明吃醋**：檸檬富含維生素C，可預防感冒，平衡體內酸鹼度，美白去斑，養顏助消化，幫助腎臟排毒，補養肝臟。

紫色夢幻健康醋

桑椹醋

Mulberry vinegar

【材料】

■ 桑椹1,000g、■ 陳年醋1,200c.c.

【做法】

1. 桑椹洗淨後，擦乾表面的水份，由於桑椹是成串的細小果粒，所以可打開吹風機，以涼風來吹比較快。
2. 將桑椹放進玻璃罐中，加入陳年醋，蓋好蓋子密封。
3. 存放2個月後即可飲用。

◆TIPS：桑椹醋本身即有天然甜度，製作時先不必加冰糖，尤其患有糖尿病者不宜加糖，但感冒、咳嗽、喉嚨沙啞、血氣虛弱的人可多多以熱水沖泡飲用，對於病情有幫助，此外還可去除頭痛和疲勞，不少女性採用檸檬醋減肥法卻過冷傷身，加進桑椹醋就可達到冷暖調和作用。桑椹宜選擇成熟而深紅色澤的。

【飲用方法】

飯後以8倍水稀釋桑椹醋飲用，依個人喜好再酌加少量蜂蜜或冰糖，因屬暖性醋，也可在睡前或餐前飲用。

桔醋 黃鶯出谷青春醋

Mandarin vinegar

【材料】

■ 金桔1,000g ■ 陳年醋1,200c.c.
■ 冰糖200g

【做法】

1. 金桔洗淨後，擦乾或晾乾表面的水份。
2. 把金桔放進玻璃罐中，加入陳年醋和冰糖，蓋好蓋子密封。
3. 存放3個月後即可飲用。

【飲用方法】

飯後以8倍水稀釋桔醋飲用，以盡量不加糖為佳。

◆**聰明吃醋**：一般而言，長形的金桔較甜，圓形的金桔較酸，可先試吃，遇到不會太酸的金桔品種時再多買，否則浸泡製醋時得加進大量冰糖，反而使身體攝取了過多的甜份。金桔富含高量的維生素C，有益改善喉嚨沙啞疼痛，潤肺止咳，並能消除疲勞，保持健美。

彩椒醋

Pimiento vinegar

養顏美容消化醋

【材料】

■ 新鮮紅椒、黃椒各300g.■ 陳年醋1,000c.c.■ 冰糖300g.

【做法】

1.將新鮮紅、黃椒切開去籽，洗淨，陰乾水份備用。

2.紅、黃彩椒與陳年醋、冰糖一起裝進玻璃罐，密封。

3.存放2個月後即可飲用。

【飲用方法】

飯後以8倍水稀釋飲用。

◆聰明吃醋：**彩椒醋富含維生素C及粗纖維、礦物質、有機酸、蛋白質，可助消化，養顏又美容。彩椒選購上以果型大小適中，外皮顏色亮綠者，果實形狀無明顯凹凸不平，瓜紋或瘤狀明顯者為佳。**

綜合水果醋

清血補血健康醋

【材料】

■ 葡萄250g.■ 蘋果250g.■ 楊桃250g.■ 檸檬250g.、
■ 月桂葉3～4片■ 白葡萄酒50c.c.■ 陳年醋1,500c.c.

【做法】

1. 所有水果洗淨，擦乾水份，除了葡萄以外，把其他水果切塊。
2. 將全部水果與陳年醋、白葡萄酒、月桂葉、少許冰糖一起裝進玻璃罐，密封
3. 存放3個月後即可飲用。

【飲用方法】

飯後以8倍水稀釋飲用。

◆聰明吃醋：選擇楊桃必須選甜味的品種，每年2～4月間是優質楊桃的盛產期，汁甜風味好；選葡萄則最好選用巨峰葡萄，碩大甜美，有機、無農藥品種更佳，這道綜合水果醋加進月桂香氣和助消化作用，整體可發揮降血壓血糖、解渴利尿、美顏抗老化的功效。

綜合蔬果醋

【材料】

■ 蘋果2個 ■ 洋蔥1個 ■ 西芹1/4棵 ■ 檸檬2個 ■ 柳橙2個 ■ 彩椒2個
■ 月桂葉100g. ■ 陳年醋1,500c.c. ■ 冰糖300g

【做法】

1. 把所有蔬果食材洗淨，晾乾水份。
2. 加入陳年醋、冰糖一起裝入玻璃罐，密封。
3. 存放2個月後即可飲用。

【飲用方法】

飯後以8倍水稀釋飲用。

◆**聰明吃醋**：蔬果醋的洋蔥抗氧化、抑制腫瘤發生、強化免疫力，加檸檬即可去除令人不悅的獨特味道，這道醋美容減肥助消化，食用時依個人喜好的酸度，加冷開水稀釋，也可加幾滴特級橄欖油或胡椒，加上生菜做成油醋沙拉。

殺菌消毒活力醋

Apricot Vinegar 梅子醋

【材料】

■ 生鮮青梅子3,000g ■ 麥芽糖2,000g ■ 陳年醋2,000c.c.

【做法】

1. 青梅子洗淨，擦乾水份或以電扇吹乾。
2. 將青梅與麥芽糖、陳年醋放進玻璃罐中，密封。
3. 存放4個月後即可飲用。

【飲用方法】

飯後以8倍冷開水稀釋飲用。

◆**聰明吃醋**：清洗梅子時，最好用鹽水把表面細毛搓除後晾乾，加入的麥芽糖最好選擇有機糖為佳，麥芽糖易溶解，效果比冰糖更好。梅子醋殺菌解毒、刺激食慾、促進消化、保持苗條，並可消除疲勞、改善酸性體質。

漂亮美眉健康醋

蔓越莓醋

vinegar

【材料】

■ 乾燥蔓越莓300g. ■ 陳年醋1,000c.c.

【做法】

1.以玻璃罐裝入蔓越莓、陳年醋，密封。
2.存放2個月後即可飲用。

【飲用方法】

飯後以6倍冷開水稀釋飲用（因乾燥的蔓越蔓本身已有甜味）。

◆**聰明吃醋**：乾燥蔓越莓可在超市或有機店內購買到，以原味、未加工過的產品最是上選，蔓莓越莓是珍貴的水果，能補血、促進血液循環，尤其對於女性尿道發炎有預防、抑制的作用，並照顧腸胃機能的健康，抑制幽門螺旋桿菌改善潰瘍。

洛神醋（降壓止渴消脂醋）

【材料】

■ 新鮮洛神花300g. ■ 陳年醋1,200c.c. ■ 原味冰糖200g.

【做法】

1.洛神洗淨，陰乾備用。

2.將洛神與陳年醋、冰糖放進玻璃罐中，密封。

3.保存放3個月後即可飲用。

【飲用方法】

飯後以8倍水稀釋飲用。

◆**聰明吃醋**：洛神花醋生津止渴，促進新陳代謝，振奮精神，消暑利尿，降血壓，是夏天最好的清涼飲料，所以在春夏季節採買新鮮洛神花製醋，3個月後飲用，可以讓女性提神醒腦，並有益排除水滯型的肥胖。

Hibiscus vinegar

枸杞醋 護眼補血低卡醋

【材料】

■ 枸杞300g. ■ 陳年醋1,000c.c. ■ 冰糖50g.

【做法】

1. 篩除掉枸杞的砂屑等雜質，洗淨陰乾。
2. 將枸杞放進玻璃罐中，加進陳年醋、冰糖，密封。
3. 存放2個月後即可飲用。

【飲用方法】

飯後以8倍水稀釋飲用。

◆聰明吃醋：枸杞醋低卡路里，滋陰補血，益精明目，美容強壯，可治療視力減退、腰膝痠軟，建議到大型中藥店買上好的枸杞，挑選顏色天然鮮紅、果粒柔潤飽滿的才是上品，注意不要買到人工染色及變色發黑的劣質品，否則並無功效。

補血益腎潤膚醋

Plum vinegar 黑棗醋

【材料】

■黑棗1,000g ■陳年醋2,000c.c.

【做法】

1.黑棗不要清洗，只要撿去雜質即可。
2.黑棗加陳年醋放進玻璃罐中，密封。
3.存放4個月後即可飲用。

【飲用方法】

醋品屬性溫熱，最適合體質冷虛女性，飯前飯後以8倍的水稀釋飲用。

◆聰明吃醋：益氣健脾養胃，靜心寧神，補腎，消除疲勞，促進血液循環，潤色美膚，對於女性貧血、月經失調、經前焦慮症都有功效，注意到中藥店選購品質良好的黑棗，即可釀製出最具功效的黑棗醋。

Garlic 大蒜醋 vinegar

殺菌解毒免疫醋

【材料】

■ 大蒜1,000g. ■ 陳年醋1,500c.c.

【做法】

1.把大蒜最外層皮去掉，洗淨，陰乾水份。
2.把大蒜裝入玻璃罐中，加入陳年醋。
3.存放3個月後即可飲用。

【飲用方法】

醋品屬性溫熱，最適合體質冷虛女性，飯前飯後以8倍的水稀釋飲用。

◆**聰明吃醋**：選購大蒜以台灣產的紅皮品種為佳，蒜醋可促進血液循環，增強免疫力，殺菌解毒，預防感冒，排毒纖瘦，並有強肝、防癌、預防腸病毒、肺炎、SARS嚴重呼吸道症候群等功能，但體質燥熱、便秘者不宜多量飲用，調加蕃茄汁可去除口中的蒜味。

薰衣草醋

Lavender vinegar

溫柔女人香氛醋

【材料】

■ 乾燥薰衣草100g. ■ 陳年醋1,000c.c.

【做法】

1.乾燥薰衣草與陳年醋一起放入玻璃罐中，密封。

2.存放2個月後即可飲用。

【飲用方法】

以6～8倍的冷開水稀釋，加入少許蜂蜜即可飲用。

低血壓、懷孕婦女不可飲用。

◆聰明吃醋：近年來大家喜愛種植薰衣草，所以5～9月薰衣草盛開的季節，容易買到新鮮的薰衣草，應選購無農藥、有機栽培的品種，飲用薰衣草醋安神鎮靜、紓緩焦慮好入眠。

◆TIPS：選用新鮮薰衣草製作薰衣草醋時，要注意整株植物需完全陰乾、拭乾水份，且放入瓶中密封時薰衣草需完全浸入醋中，才不會發霉。

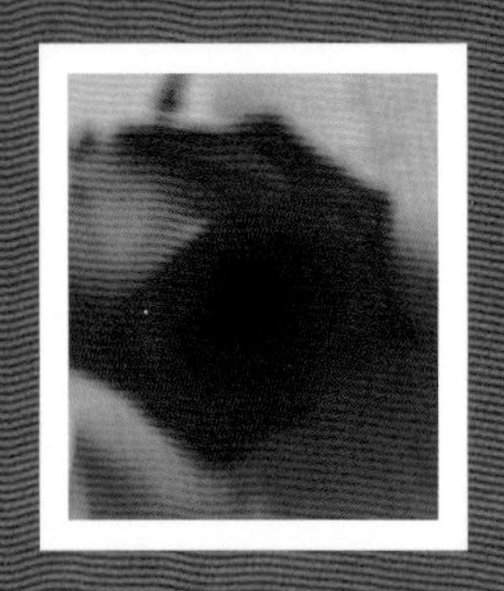

玫瑰醋

Rose vinegar

補血調經紅顏醋

【材料】

■ 生鮮玫瑰500g. ■ 陳年醋1,000c.c. ■ 冰糖100g.

【做法】

1.生鮮玫瑰花洗淨，涼乾水份（乾燥的玫瑰花不用洗）。

2.將玫瑰與陳年醋、冰糖一起放入玻璃罐中，密封。

3.存放3個月後即可飲用。

【飲用方法】

以冷、溫開水稀釋6倍飲用。

◆聰明吃醋：玫瑰最好選擇可食用的有機栽種品種，可向有機玫瑰農園購買，由於一般並不容易買到，自行製醋可選購乾燥的玫瑰，但不要買到泡過香精的乾燥玫瑰花，否則已失天然功效和芳香。玫瑰醋美白、瘦身、調理貧血症和抗憂鬱，極適合女性飲用。選用新鮮玫瑰製作玫瑰醋時，要注意整朵玫瑰花需完全陰乾、拭乾水份，且放入瓶中密封時玫瑰需完全浸入醋中，才不會發霉。

◆來泡澡：把約50 c.c.的玫瑰醋倒入溫熱的浴缸水中，泡澡15分鐘，可添加2～3滴玫瑰精油，改善冷虛體質的手腳冰冷，促進血液循環，嫩白還能抗憂鬱症。

百里香醋（去化油脂清香醋）

【材料】

■ 新鮮百里香100g. ■ 陳年醋1,000c.c.

【做法】

1. 新鮮百里香洗淨、陰乾水份。
2. 將百里香與陳年醋一起放入玻璃罐中，陳年醋要完全淹蓋住百里香以防發霉，密封。
3. 存放2個月後即可飲用。

【飲用方法】

以6～8倍的冷開水稀釋，加入少許蜂蜜即可飲用。

◆聰明吃醋：近年來大家喜愛種植百里香等香草植物，不必噴灑農藥即生長繁茂，百里香一年四季都可取得，所以不必使用乾燥貨，百里香醋止咳化痰、殺菌防腐，幫助腸胃消化，恢復體力，並可用於魚或肉類料理，美味去油膩。

◆TIPS：選用新鮮百里香製作百里香醋時，要注意整株植物需完全陰乾、拭乾水份，且放入瓶中密封時百里香需完全浸入醋中，才不會發霉。

解憂止痛迷人醋

迷迭香醋 Rosemary Vinegar

【材料】

■ 迷迭香600g. ■ 陳年醋1200c.c.

【做法】

1.新鮮的迷迭香葉洗淨，晾乾水份。
2.將迷迭香與陳年醋裝入玻璃罐，陳年醋要完全淹蓋住迷迭香以防發霉，密封。
3.密封2個月即可飲用。

【飲用方法】

以冷、溫開水稀釋8倍，飯後飲用。

◆聰明吃醋：迷迭香醋也可做油醋拌生菜沙拉食用，增添美食的風味；迷迭香醋調理女性憂鬱情緒和頭痛、胃腹脹痛、消化不良，降低膽固醇，殺菌防腐抗氧化。

◆來泡澡：把50c.c.迷迭香醋倒入溫熱的浴缸水中，泡澡15分鐘，可添加新鮮迷迭香有助振作精神，神清氣爽，殺菌且維護皮膚健康

PART TWO

纖瘦健康醋飲

在炎熱的夏天，喝起冰冰涼涼
而浪漫有美感的醋飲料，
令人暢快舒適，心曠神怡；
以水果或花草醋為基底，
再加上性味相近的果汁或養生配方，
可達到止渴又纖體塑身的功效，
建議冷虛體質女性以不加冰塊為宜。

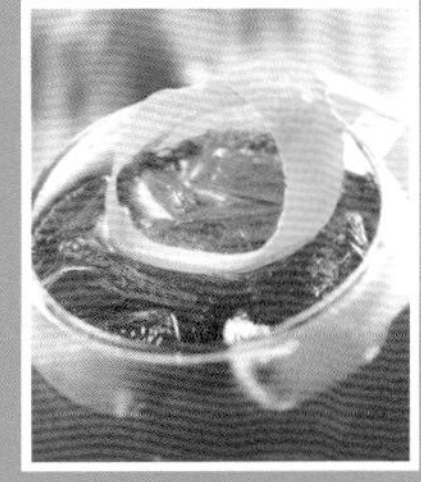

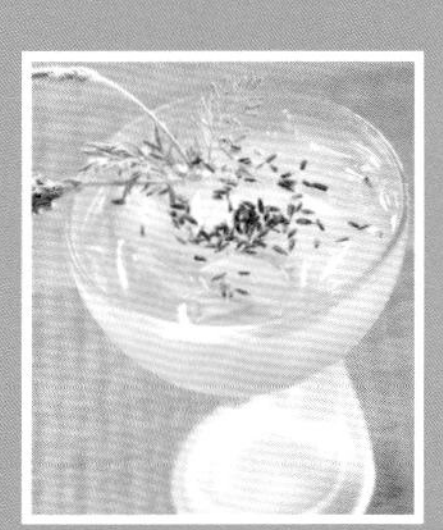
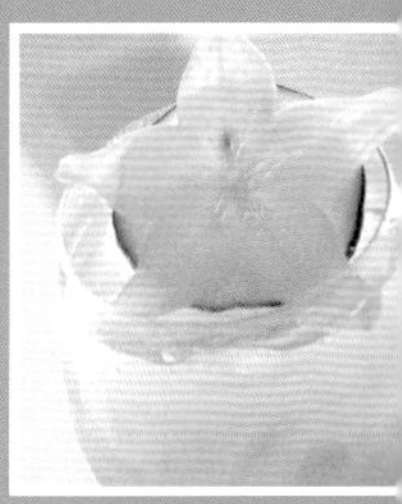

桔醋蕃茄汁

纖腿去痠解痛飲

【材料】

■ 桔醋60c.c.■ 蕃茄2個

【做法】

1. 蕃茄洗淨切小塊，加300c.c.冷開水，放入果汁機裡攪打成汁。
2. 加入桔醋調勻即可飲用。

◆聰明吃醋：這道飲品富含大量維生素C，可預防感冒，美顏、解渴、利尿；蕃茄能去除腰痠背痛，長時間站立的教師、櫃檯職員都可以多喝，去除腿部的疲勞，還能防止美腿變成蘿蔔腿。

◆桔醋做法見p.21

Tomato Mandarin Vinegar

Flower Mandarin Vinegar

神清氣爽瘦身飲

桔醋花果茶汁

【材料】

- 桔醋50c.c.
- 乾燥的茉莉花2.5g.
- 新鮮或乾燥的檸檬草2.5g.
- 蘋果1/2個

【做法】

1. 蘋果洗淨切丁。
2. 鍋中放入500c.c.的水煮滾，放入蘋果丁以中火續煮10分鐘，加入檸檬草、茉莉花續煮3分鐘。
3. 加入桔醋調勻即可飲用。

◆TIPS：清香的茉莉花、檸檬草、蘋果，與香甜的桔醋集合，釋放花、果、茶中的有機酸，能使人精神清新，由於含鈣量高，可代謝掉體內多餘的鹽分和熱量，防止下半身肥胖臃腫，還可解決便秘的問題，讓人神清氣爽。

◆桔醋做法見p.21

Tomato Apricot Vinegar
蕃茄梅醋汁

抗老活力健康飲

【材料】

■ 中型蕃茄2個 ■ 梅醋40c.c.

【做法】

1. 蕃茄洗淨切小塊，加300c.c.冷開水，放入果汁機裡攪打成汁。
2. 加入梅醋調勻即可飲用。

◆**TIPS**：這道飲品可以殺菌、排毒、抗腐敗，淨化血液，消除疲勞，使細胞有活力，整個人更有精神，幫助消化，抗老化，口味最能被大眾接受，可常喝以抑止血管疾病和腫瘤細胞發生，美得健康。

◆梅醋做法見p.26

楊桃梅醋汁

抗老活力健康飲

【材料】

■ 楊桃1個 ■ 梅醋40c.c

【做法】

1. 楊桃洗淨切小塊，加400c.c.冷開水，放入果汁機裡攪打成汁。
2. 加入梅醋調勻即可飲用。

◆TIPS：這道飲品清熱解渴，可保護喉嚨，不沙啞乾痛，消除疲勞，恢復體力，最適合長時間用嗓的教師、總機、營業人員、聲樂家飲用，幫助消化，利尿化毒，保持身材曲線和肺活量的健康，飯後飲用更佳。

◆梅醋做法見p.26

Star fruit Apricot vinegar

Apple Cranberry Vinegar 蔓越莓蘋果醋汁

解憂抗老天使飲

【材料】

■ 蔓越莓醋汁40c.c. ■ 蘋果1個

【做法】

1. 蘋果洗淨去皮切小塊，加300c.c.冷開水，放入果汁機裡打成汁。
2. 加入蔓越莓醋調勻，即可飲用。

◆TIPS：直接以蔓越莓醋50c.c.加水稀釋來喝，會感到一股澀澀的果味，因此加進蘋果，沒有澀味更順口，也不妨調入少許蜂蜜更可口，這道飲品有極佳的抗氧化功能及補血作用，解除女性的憂鬱和尿道炎困擾。

◆蔓越莓醋做法見p.27

晶瑩剔透美膚飲

蕃茄蔓越莓醋汁

【材料】

■ 中型蕃茄1個（熟透紅潤的最好）
■ 蔓越莓醋40c.c.

【做法】

1. 蕃茄洗淨切小塊，加300c.c.冷開水，放入果汁機裡攪打成汁。
2. 加入蔓越莓醋調勻，即可飲用。

◆TIPS：這道飲品有淨化血液、美白肌膚的功效，可強化泌尿系統，當女性體內的血液獲得淨化，就像擦得光潤明亮的銅器一樣，不會長鏽斑，因此有助減輕臉上的黑斑、肝斑、老人斑，皮膚更亮麗。

◆蔓越莓醋做法見p.27

Tomato Cranberry vinegar

仙楂洛神醋飲

減重消脂酸甜飲

【材料】

■ 仙楂30g.■ 洛神醋10c.c.■ 蜂蜜少許

【做法】

1. 仙楂以1,000c.c.的水煮到剩約240c.c.的仙楂汁，待涼後去渣取汁。
2. 加入洛神醋調勻，調入蜂蜜少許即可飲用。

◆聰明吃醋：仙楂正名為山楂，是常見的消脂飲料主要藥材，活血化瘀，消食化積，尤其對於肉類的消化、脂肪的分解最具效用；可降低血脂肪、三酸甘油脂、膽固醇，強心鎮靜，但胃酸過多、胃潰瘍患者不宜食用。

◆洛神醋做法見p.28。

檸檬洛神醋汁

白裡透紅美人醋

Lemon Hibiscus Punch

【材料】

■ 檸檬1個 ■ 洛神醋30c.c. ■ 蜂蜜少許

【做法】

1、檸檬搾汁。

2、加入500c.c.冷開水、洛神醋和蜂蜜，調勻即可飲用。

◆**聰明吃醋**：這道飲品富含維生素和鈣質，在夏天喝來最能消暑止渴，預防中暑、犯熱病，酸中帶甜的好滋味，滋潤養顏又美白清心，但建議在飯後飲用，可幫助消化，體質冷虛、潰瘍症女性宜少量飲用就好。

◆洛神醋做法見p.28

鳳梨蜜醋汁

促進消化止脹飲

【材料】

■ 新鮮鳳梨100g. ■ 鳳梨醋40c.c. ■ 蜂蜜少許

【做法】

1. 將新鮮鳳梨果肉加 400c.c. 冷開水，放入果汁機裡攪打成汁。
2. 加入鳳梨醋和少許蜂蜜，即可飲用。

◆聰明吃醋：鳳梨醋利尿止渴、降血壓，酸中帶甜促進食慾，對於食積腹脹不消化、夏日酷熱煩渴最見效，建議飯後徐徐飲用鳳梨醋，以免傷胃，過敏體質者和胃潰瘍、十二指腸潰瘍、胃出血或胃酸多的人不宜飲用。

◆鳳梨醋做法見p.18

Lemon Lavender vinegar

水噹噹睡美人飲

檸檬薰衣草醋汁

【材料】

■ 檸檬1個 ■ 薰衣草醋40c.c. ■ 蜂蜜少許

【做法】

1. 檸檬榨汁。
2. 加入薰衣草醋，再以400c.c.冷開水調勻，加入蜂蜜，即可飲用。

◆**聰明吃醋**：這道飲用特別適合睡前、晚飯後飲用，因為薰衣草製醋，更有明顯的舒緩神經、寧心安定效果，飯後飲一杯助消化，並可幫助放鬆心情好入眠，迎接酣睡的一夜，同時進行美白工程。

◆薰衣草醋做法見p.32

美白輕瘦清新飲

黑森林玫瑰飲

Lemongrass Rosevinegar

【材料】

■ 綠茶1包 ■ 檸檬草3片 ■ 乾燥玫瑰花10g. ■ 玫瑰醋40c.c.

【做法】

1. 綠茶、檸檬草、玫瑰花以500c.c.的熱開水沖泡。
2. 放涼10分鐘之後，加入玫瑰醋，調勻即可飲用，也可加冰塊成為冰飲更暢快。

◆**聰明吃醋**：這道飲品可美白瘦身，綠茶增進消化道的蠕動，調節脂肪的代謝，有良好的減肥效果，兼可生津清熱，提高免疫力，還可使頭腦清新，加進玫瑰醋更有調理女性體質、預防婦女病的功效。

◆玫瑰醋做法見p.34

柳橙蕃茄醋飲

黃金女郎C多飲

【材料】

■ 柳橙醋40c.c. ■ 中型蕃茄1個 ■ 蜂蜜少許

【做法】

1.蕃茄洗淨後，切對半，在果汁機裡搾汁。

2.加入柳橙醋及少許蜂蜜調勻，即可飲用。

◆TIPS：飽滿的維生素C，一飲而盡，這道飲品有著誘人的金澄澄顏色，看了就心情喜悅，利水利尿，特別能幫忙水滯型肥胖的女性排水暢通，獲得良好的體內水分新陳代謝作用，更加有型

◆柳橙醋做法見p.14。

Fruits Mint Vinegar 清涼自然提神飲

薄荷水果醋汁

【材料】

- 奇異果1粒
- 鳳梨100g.
- 薄荷醋汁20c.c.
- 梅醋20c.c.

【做法】

1. 奇異果去皮切小塊，放入果汁機裡，加入鳳梨與300c.c.冷開水攪打成汁。
2. 加入薄荷醋、梅醋調勻即可飲用。

◆聰明吃醋：奇異果、鳳梨都含有豐富的蛋白分解酵素，是吃肉之後消解脂肪的最佳水果，加上幫助消化的梅醋，整道飲品使愛美女士輕鬆享「瘦」，再有薄荷的提神清香，口氣清新自然，美得多彩多姿。

◆TIPS：如果買不到現成的薄荷醋汁，可取新鮮薄荷葉加入醋汁中一起食用，也可把薄荷葉加已稀釋的醋汁放入果汁機中攪打，即成薄荷醋汁。

◆梅醋做法見p.26。

美白涼補紅顏飲

巴黎春天玫瑰醋汁

Healthy Rosevinegar

【材料】

■ 乾燥玫瑰花2.5g、■ 檸檬草2.5g、■ 紅棗2顆 ■ 玫瑰醋40c.c.

【做法】

1. 所有材料以500c.c.的熱開水沖泡，至少10分鐘以上。
2. 加入玫瑰醋即可飲用。

◆**聰明吃醋**：玫瑰醋加紅棗，清熱涼補，益氣、緩和壓力，舒肝解鬱，美白瘦身。有機栽的可食品種生鮮玫瑰花，在市面上很不容易買到，建議多多利用法國或大馬士革所產的乾燥玫瑰，養份最佳，特具功效。

◆玫瑰醋做法見p.34。

洛神醋茶

清涼消暑開懷飲

【材料】

■ 仙楂50g. ■ 乾燥洛神花50g.
■ 洛神醋30c.c.

【做法】

1. 仙楂與洛神花放進鍋子或開水壺中，倒進800c.c.熱開水，煮10分鐘。
2. 加入洛神醋即可飲用，也可調入冰糖少許攪拌，增加甜味。

◆**聰明吃醋**：乾燥洛神可在中藥店裡買到，洛神醋茶可熱飲，也可冰鎮之後再喝，這道飲品能消渴、提振夏天時的食慾，補脾益胃，活血行氣，對於吃得太急、太脹難受的情況，很有消積散滯的功效，讓胃部、腹部舒坦。

◆洛神醋做法見p.28。

清新整腸芳香飲

茉莉迷迭花醋茶

【材料】

■ 茉莉花2.5g.■ 蘋果1/8個■ 柳橙1/8個■ 迷迭醋30c.c.

【做法】

1. 蘋果洗淨切丁、柳橙洗淨去皮切小瓣。
2. 將蘋果、柳橙和茉莉花放進耐溫的花果茶壺中，以熱開水500c.c.沖泡。
3. 加入迷迭醋即可飲用，可加新鮮迷迭香點綴。

◆聰明吃醋：蘋果含有半乳醣荃酸，對排毒很有幫助的，且能助消化，防治便秘和腹瀉，所含的其果膠也能避免食物在腸內腐化，達到清新整腸的作用，自然使得宿便的量減少；茉莉花、迷迭香醋芳香開竅，清熱，讓心情舒暢。

◆迷迭醋做法見p.37。

Jasmine Apple Vinegar
茉莉蘋果醋茶

醒腦益智解悶飲

【材料】

■ 茉莉花2.5g. ■ 綠茶1包
■ 丁香橄欖2個 ■ 蘋果醋30c.c.

【做法】

1. 茉莉花、綠茶、丁香橄欖放入茶壺中，以開水500c.c.沖泡。
2. 加入蘋果醋即可飲用。

◆**聰明吃醋**：現成的丁香橄欖，可在賣蜜餞的商店內買到，這道飲品可消暑解渴去煩悶，使頭腦清新，利水、化油膩，最適合應酬大吃大喝、飲酒後飲用，去除脹氣的不適，恢復體內純淨。

◆蘋果醋做法見p.16。

消脂清心舒服飲

薰衣花醋茶

【材料】

■ 洋甘菊2.5g.■ 菩提花2.5g.■ 薰衣草醋40c.c.

【做法】

1. 將洋甘菊與菩提花放入茶壺中，以開水500c.c.沖泡。
2. 加入薰衣草醋即可飲用。

◆聰明吃醋：菩提花在法國普羅旺斯一直都是消脂清心，保持腹部平坦的花草茶材料，加入甘菊可順胃氣、預防感冒，全道飲品潤喉防咳，沁脾芳香，紓解身心的疲憊，最適合睡前飲用，怡然安神好入夢。

◆薰衣草醋做法見p.32。

Chamomile Lavender Vinegar

補血瘦身黑棗醋汁

神氣活現黑金飲

【材料】

■ 黑棗醋40c.c. ■ 當歸10g ■ 黃耆10g ■ 枸杞10g ■ 冰糖1匙

【做法】

1. 當歸、黃耆、枸杞加 1,000c.c. 的水煮開，煮沸後轉成小火。
2. 續煮到剩下約400c.c.的汁量時，去渣取汁放涼備用。
3. 加入黑棗醋及冰糖攪拌均勻，可熱飲，也可加幾個小冰塊飲用，夏天喝來相當溫和爽口。

◆**聰明吃醋**：黑棗醋對於氣血虛弱、月經失調、月信來潮前後的緊張鬱悶者，最有助益；加上補血、固腎的當歸、黃耆、枸杞，功效更顯著，並可助身材窈窕，血色紅潤，在其他季節時也可以溫熱飲用，暖補冷虛體質女性

◆黑棗醋做法見p.30。

Red wine Vinegar 紅酒葡萄醋汁

美膚好氣色茶飲

【材料】

■ 檸檬汁20c.c.■ 柳橙汁100c.c.
■ 紅葡萄酒40c.c.■ 葡萄醋40c.c.
■ 開水50c.c.■ 蜂蜜少許

【做法】

1. 將檸檬汁、柳橙汁、紅葡萄酒調勻。
2. 加入葡萄醋及其他材料調勻，即可飲用。

◆TIPS：這道飲品富含大量維生素C，並有維生素β1、β2和礦物質鉀、鐵，有助女性膚色美白而氣血紅潤，微醺的感覺，適合睡前飲用，但有夜間頻尿現象或熱量不易代謝以致小腹凸出的女性不宜多喝

◆葡萄醋做法見p.15。

葡萄醋雪梨汁

【材料】

■ 新鮮葡萄100g. ■ 西洋梨1個
■ 葡萄醋50c.c.

【做法】

1. 葡萄洗淨、西洋梨洗淨切塊，加300c.c. 冷開水，放入果汁機裡攪打成汁。
2. 加入 葡萄醋調勻，即可飲用。

◆**聰明吃醋**：1.西洋梨最好挑選軟的才不會澀，葡萄則以有機栽種的比較安全。
2.由於葡萄酒在開瓶後，未能趁鮮飲完，放置冷藏經過約兩週以後會轉化為醋，所以這道飲品不妨利用家裡喝不完的紅酒醋來製作，物盡其用，紅潤臉頰、預防心血管疾病。

◆葡萄醋做法見p.15。

【材料】

- 苦瓜100g. ■ 鳳梨醋50c.c.
- 鳳梨糖漿20c.c.

【做法】

1. 苦瓜洗淨切塊，加 300c.c.冷開水，放入果汁機裡攪打成汁。
2. 加入鳳梨醋和鳳梨糖漿調勻，即可飲用。

【青春不老戰痘飲】

鳳梨醋苦瓜汁

Bitter melon Pineapple vinegar

◆自製鳳梨糖漿：選取鳳梨2,000g.、冰糖1,000g.、水100c.c.，放入鍋中煮到鳳梨呈透明狀即可熄火；待冷後，以果汁機打成果漿，裝進玻璃罐內，放入冰箱冷藏。

◆TIPS：鳳梨糖漿不是飲品，平常可製作儲備用來調理蔬菜汁，可去除蔬菜腥味。

◆鳳梨醋做法見p.18。

【材料】

- 新鮮小麥草50g. ■ 鳳梨醋40c.c.
- 檸檬1/2個 ■ 烤過的核桃30g.
- 蜂蜜少許

【做法】

1.檸檬榨汁備用。
2.小麥草、核桃加400c.c.冷開水放入果汁機裡攪打。加入檸檬汁、鳳梨醋和蜂蜜調勻，即可飲用。

【綠色尖兵補骨飲】

鳳梨醋麥草汁

Wheatgrass Pineapple vinegar

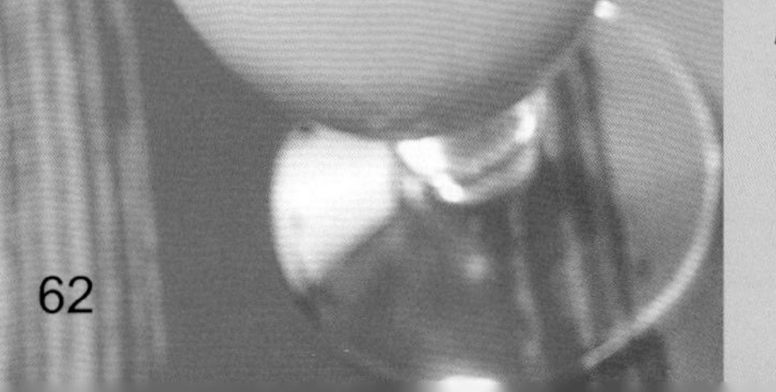

◆TIPS：小麥草營養價值極高，富含維生素A、C和鈣、鐵質，加鳳梨醋纖瘦有功，如果沒有核桃，可用其他核果如芝麻、杏仁、腰果替代，都要烤熟，加入烤熟的堅果，主要在於調整小麥草汁的生冷本性，不會冷虛、胃寒。

◆鳳梨醋做法見p.18。

【材料】
■ 蘆筍500g.■ 鳳梨醋50c.c.
■ 蜂蜜少許

【做法】
1. 蘆筍洗淨。將1,200c.c. 的水倒入鍋煮沸，加入蘆筍煮到剩下約600c.c.的蘆筍汁時熄火。
2. 待涼之後，加入鳳梨醋和少許蜂蜜，即可飲用。

鳳梨醋蘆筍汁【高纖青春活力飲】
Asparagus Pineapple vinegar

◆TIPS：蘆筍高纖，熱量低，所含的葉酸、鉀可預防中風、心肌梗塞，這道飲品強肝、解毒、抗癌，也可用白蘆筍取代，但不要久煮，以免破壞掉豐富的營養。
◆鳳梨醋做法見p.18。

【材料】
■ 紫高麗菜100g.■ 檸檬1/2個
■ 鳳梨醋40c.c.■ 鳳梨糖漿40c.c.

【做法】
1. 檸檬搾汁。
2. 紫高麗菜洗淨撕碎，加400c.c.冷開水放入果汁機裡打，加入檸檬汁、鳳梨糖漿、鳳梨醋即可飲用。

紫高麗鳳梨醋汁【白裡透紅佳人飲】
Cabbage Pineapple vinegar

◆TIPS：如果喝醋時擔心流失些許鈣質，最好酌加檸檬汁，可迅速補助鈣質，並有肌膚美白作用；加上紫高麗的高纖補血，讓皮膚白裡透紅，拍照時不必打上蘋果光也是俏佳人，再加點鳳梨糖漿，風味更佳。
◆鳳梨醋做法見p.18

【材料】
- 紅蘿蔔200g.（約1根）
- 新鮮鳳梨100g.
- 鳳梨醋40c.c.

【做法】
1. 紅蘿蔔洗淨切塊煮熟，待冷後與鳳梨搾汁。
2. 將紅蘿蔔、鳳梨與200c.c.冷開水放入果汁機裡攪打，加入鳳梨醋即可飲用，也可加些蜂蜜。

【電眼美人活力飲】
精力鳳梨醋汁
Carrot Pineapple vinegar

◆TIPS：紅蘿蔔富含胡蘿蔔素、維生素A、C，但生吃的效果差很多，如與其他水果結合還會互相破壞其中的維生素C，所以宜煮熟再吃。這道飲品活化細胞，解毒，淨化血液，護眼不乾澀，免疫力強，建議在餐前飲用，可強化溶脂效果。

◆鳳梨醋做法見p.18。

【材料】
- 麥冬300g.
- 陳年醋1,000c.c.
- 冰糖

【做法】
1. 麥冬洗淨涼乾水份。
2. 將麥冬放進玻璃罐中，加入陳年醋和冰糖少許，密封。
3. 存放3個月後即可飲用。
4. 一般飲用以8倍冷開水調勻飲用。

【抗老養顏青春飲】
麥冬塑身醋飲
Minedon vinegar

◆TIPS：麥冬又稱麥門冬，味甘性平補益氣、美容養顏抗老化。

◆陳年醋可買現成的，在各大超市均有售。一般中藥店均可買到麥冬。

【材料】
- 新鮮綠葡萄100g.
- 檸檬1/2個
- 白葡萄醋40c.c.
- 蜂蜜少許

【做法】
1. 檸檬搾汁。
2. 綠葡萄洗淨，加冷開水450c.c.放入果汁機裡攪打，與檸檬汁、蜂蜜及白葡萄醋調勻，即可飲用。

【減壓清腸白玉飲】

白葡萄健美醋

Lemon Green grape vinegar

◆TIPS：這道飲品提供大量纖維質，有助清理腸胃，維持人體的酸鹼度平衡，調和身體正常機能，紓緩頭痛、壓力，可於餐後飲用一杯，或在餐前先飲用半杯，幫助口感清爽，也可以不加蜂蜜，避免攝取過多的甜份。

◆白葡萄醋做法見p.15。葡萄醋，將紅葡萄改成白葡萄即可。

【材料】
- 洋蔥100g.
- 大蒜醋50c.c.

【做法】
1. 洋蔥放入果汁機裡，加入300c.c.冷開水攪打成汁。
2. 與蜂蜜、大蒜醋調勻後即可飲用。

【身輕如燕養肝飲】

蔥蒜抗老飲

Onion Garlic vinegar

◆TIPS：這道飲品可強化肝功能，抗氧化，提升細胞的免疫力，肝機能良好有助排毒，保持曼妙而健康的體型，不喜歡洋蔥、大蒜味道的人，可再添加檸檬汁或柳丁汁，使口味變得更甜美。

◆大蒜醋做法見p.31

【材料】
■ 山藥100g. ■ 梅醋50c.c.

【做法】
1.山藥去皮切小塊，加500c.c.冷開水放入果汁機打成汁。
2.加入梅醋即可飲用。

【健胃整腸精力飲】
山藥梅醋汁
Healthy Apricot vinegar

◆TIPS：山藥強化體力，梅子的鈣、磷、鐵、鈉元素含量高，健胃整腸、殺菌防腐、消除疲勞，促進新陳代謝，可改善酸性體質，化解農藥等毒素，所以有些便當會放粒梅子，保持乾燥防腐壞，增進食慾；使用冰糖、梅子均以有機的為佳，冰糖選小顆粒的才易溶解。

◆梅醋做法見p.26。

【材料】
■ 新鮮蘋果1個 ■ 馬鈴薯100g.
■ 蘋果醋50c.c.

【做法】
1.蘋果洗淨切小塊、馬鈴薯洗淨去皮切小塊。
2.放入果汁機裡，加入400c.c.冷開水攪打成汁，加入蘋果醋即可飲用。

【降壓排毒光采飲】
蘋果醋馬鈴薯汁
Potato Apple vinegar

◆TIPS：馬鈴薯可增強體內的自然治癒力，已成為防治胃癌的輔助療法，含有鐵、鈣和維生素A、B2、C、K，是一種鹼性食品，並含酪氨酸可增強心臟機能，溫暖身體，護眼明目，醒腦，降血壓，有助排出體內過剩的鹽份。

◆蘋果醋做法見p.16。

【材料】

- 山藥100g. ■ 蘋果1個
- 蘋果醋50c.c.

【做法】

1. 山藥、蘋果去皮切小塊，加400c.c.冷開水，放入果汁機裡攪打成汁。
2. 加入蘋果醋調勻，即可飲用，也可視口感添加冰糖或蜂蜜。

【豐胸美顏塑身飲】

山藥蘋香醋汁

Healthy Apple vinegar

◆TIPS：山藥滋養強壯，所含的分解酵素能促進消化，減輕疲勞，益腎氣，健脾胃、潤澤肌膚，蘋果含有豐富的鈣、磷、鐵，常吃增進成長發育，恢復健康。

◆蘋果醋做法見p.16。

【材料】

- 紅甜椒2個 ■ 梅醋50c.c.

【做法】

1. 紅甜椒洗淨切小塊，放入果汁機裡，加入 400c.c.冷開水攪打成汁。
2. 濾渣後加入梅醋即可飲用。

【窈窕美眉歡顏飲】

彩椒梅醋汁

Pimiento Apricot vinegar

◆TIPS：紅甜椒可修補受損的身體組織，抗氧化、抗老化，營養高，防癌；這道飲品調理肝脾，消食化積，消化脹氣，解毒防感冒，並可解鬱寬心，最適合在餐後飲用，幫助消化，把腹部贅肉掃地出門。

◆梅醋做法見p.26。

Lemon Garlic vinegar

香蒜蜜醋汁

健康長壽無病茶

【材料】

- 大蒜醋50c.c.
- 檸檬1個
- 蜂蜜少許

【做法】

1. 檸檬榨汁。
2. 以400c.c.的冷開水調勻大蒜醋
2. 加入檸檬汁及蜂蜜即可飲用。

◆**聰明吃醋：**大蒜醋具有強化肝臟機能、促進荷爾蒙分泌、預防動脈硬化、糖尿病、促進新陳代謝、久服延年益壽等功效，蒜醋味道較濃烈，在這道飲品裡已添加去除蒜味的檸檬汁，還是對這口感不習慣的人可再添加新鮮蕃茄汁，讓風味更佳而易入口。

◆大蒜醋做法見p.31。

Rose Onion vinegar

粉紅美人輕盈茶

香蔥玫瑰飲

【材料】

- 乾燥玫瑰花15g.
- 洋蔥醋50c.c.

【做法】

1. 玫瑰花以400c.c.的熱開水沖泡15 分鐘，濾除花瓣，取汁，待涼。
2. 加入洋蔥醋即可飲用。

◆**洋蔥醋做法**：取1,000g洋蔥洗淨切片，與1,500c.c.陳年醋、200g.冰糖一起裝入玻璃罐密封，存放3個月後即可飲用。

◆**聰明吃醋**：洋蔥醋富含蛋白質、維生素C、胡蘿蔔素和礦物質鈣、磷、鉀，加上調理氣血循環的玫瑰花，這道飲品能讓皮膚光滑如凝脂，透出紅潤美色，並可殺菌、利尿，預防尿道炎、腸炎、心血管疾病，提高免疫力。

Grape Plum vinegar

補血瘦身漂亮飲

大補氣血葡萄醋飲

【材料】

■ 新鮮葡萄300g. ■ 黑棗醋50c.c.

【做法】

1. 葡萄榨汁。
2. 加入黑棗醋，依個人喜好的酸度，加入適量的開水稀釋飲用。

◆聰明吃醋：這道飲品味道甘甜好喝，滋潤心肺，生津止渴，抗老化，和顏悅色，可帶動氣血循環，減少心血管的瘀塞，建議睡前飲用最適合，補血又瘦身，經常飲用，豐頰不發胖，還可抑止身材橫著長。

◆黑棗醋做法見p.30。

茄蒜飲 疾病免來強身飲

【材料】

■ 中型蕃茄1個 ■ 檸檬1個 ■ 大蒜醋40c.c. ■ 蜂蜜少許

【做法】

1.檸檬榨汁。
2.蕃茄洗淨切小塊，加300c.c.冷開水，放入果汁機裡攪打成汁。
3.將檸檬汁、蕃茄汁加入大蒜醋、蜂蜜調勻，即可飲用

◆TIPS：大蒜醋殺菌袪寒，預防腸病毒、非典型肺炎、感冒等傳染病，強化血管又抗老，蕃茄是最受矚目的青春減肥、抗氧化抗癌蔬果，這道飲品既使大蒜醋的口感變得溫和順口不嗆鼻，更充份結合食材的優勢功用，強身抗病。

◆大蒜醋做法見p.31。

纖瘦醋飲

【材料】

■ 蘋果1個 ■ 桑椹醋50c.c.、
■ 檸檬汁20c.c.■ 蜂蜜少許

【做法】

1.蘋果洗淨削皮、切塊，放入果汁機裡，加入400c.c.冷開水攪打成汁。
2.加入桑椹醋、檸檬汁、蜂蜜，攪拌均勻即可飲用。

◆聰明吃醋：這道飲品富含維生素C，補血養顏，消除疲勞，釀醋是保存桑椹的最佳辦法，自製桑椹醋，要在清明節之前採收，略加清洗，拭乾水份後，泡在陳年醋裡，否則清明節之後，昆蟲會在桑椹果裡下蛋，不利食用。

◆桑椹醋做法見P.20。

PART THREE

醋的小點

追求身材纖瘦的現代人，往往會在用餐時間
先來盤生菜沙拉，攝取高纖、礦物質、
維生素後，再進主食，加進水果醋的沙拉、
前菜小點，還能防止發胖，尤其像是
蘋果醋馬鈴薯沙拉本身就能提供飽足感，
進餐七分飽，減量、減重，不減營養，才真享「瘦」。

蘋果醋藍莓凍

【材料】

蘋果1/2個　藍莓100g.　蜂蜜1/2茶匙
檸檬汁100c.c.　蘋果醋100c.c.　果凍粉50g.

【做法】

1. 蘋果洗淨削皮切丁，放入750c.c.的水中，與藍莓一起煮開，加入蜂蜜、檸檬汁。
2. 果凍粉以200c.c.冷開水調勻，加入藍莓蘋果汁中，要邊攪拌邊倒入。
3. 倒入模型杯中，約8分滿，待涼後，放入冰箱冷藏可食用。

◆聰明吃醋：藍莓特有的美味相當吸引人，有鎮定神經的作用。但不宜一次吃太多量，否則會因過於鎮定以致情緒低落，加點蘋果可調整成和緩的情緒；建議搭配新鮮柳橙汁，心情更愉悅，市售有冷凍藍莓果粒和藍莓醬，都可利用；若買得到新鮮藍莓更是完美。

奇異果草莓豆腐凍

【材料】

■ 奇異果1個 ■ 盒裝嫩豆腐1/2塊
■ 大顆草莓6顆 ■ 奇異果醋100 c.c.

【做法】

1. 奇異果去皮，切片狀，與奇異果醋一起放入果汁機中打成醬汁。
2. 草莓5顆放入榨汁機中打成醬汁。
3. 豆腐倒入盤中，將1顆草莓切片成扇狀裝飾於豆腐上。
4. 淋上奇異果及草莓醬汁，可裝飾片狀奇異果於盤中。

◆聰明吃：豆腐清熱排毒，奇異果含有最豐富的維生素C、蛋白分解酵素，能預防癌症，防止吃肉之後消化不良、營養過剩囤積導致的發胖，適合在主菜前後享用。

桑椹醋汁蒟蒻凍

【材料】

■ 桑椹醋汁50c.c. ■ 蒟蒻果凍粉30g. ■ 水700c.c. ■ 紅砂糖40g.

【做法】

1. 蒟蒻果凍粉溶解於700c.c.水中。
2. 加入桑椹醋汁和糖煮開。
3. 倒入模型容器內，待涼後放入冰箱冷藏即可食用。

◆**聰明吃**：桑椹醋補血益肝，很多成熟的桑椹果並沒什麼甜味，所以即使買了也常吃不完而很快發黴倒掉，加上陳年醋浸泡成桑椹醋是最佳的保存方式，可供作水果沙拉的調味聖品，只要注意別選擇太熟的水果，就能把風味襯托得相當可人。

桔醋凍

Mandarin vinegar salad

【材料】

- 桔醋（連同桔果肉）50 c.c.
- 紅砂糖40g.
- 果凍粉40g.
- 水700c.c.

【做法】

1. 果凍粉溶解於700c.c.的水中，加糖攪拌均勻。
2. 桔醋煮開，與果凍汁倒入模型容器內。
3. 放入冰箱冷藏後即可食用。

◆**聰明吃**：這道凍品有助夏天清涼而潤喉爽聲，取材自海藻材料的果凍粉，使用起來非常方便，市售的水晶果凍粉更是其中較精緻的產品，凝結效果優，表面晶瑩亮滑，引人垂涎，比起必須泡水後再隔熱融化的吉利丁片易用。

大蒜蕃茄醋沙拉

【材料】

■ 新鮮蕃茄1個 ■ 西芹1枝 ■ 西生菜20克

【醬汁】

■ 大蒜醋25c.c.■ 蕃茄醋25c.c ■ 橄欖油少許 ■ 黑胡椒粉少許

【做法】

1. 蕃茄洗淨切片，西芹洗淨後切小段，西生菜洗淨後泡冰水10分鐘，瀝水後一起盛盤。
2. 大蒜醋與蕃茄醋調勻，淋入，滴入橄欖油、撒上黑胡椒即可食用。

◆聰明吃：生菜一旦接觸空氣後就容易氧化、軟化，泡冰水的作用在於保持爽脆的口感；大蒜醋調加蕃茄醋後可提升原有的嗆鼻異味感，更令人能接受，但天然純釀的大蒜醋其實聞來香醇不刺激，只不過想讓口氣更芳香的女士不妨拌著番茄醋一起享用更佳，精力充沛，長保青春。

蘋果醋
馬鈴薯沙拉

【材料】

- 馬鈴薯2個

【醬汁】

- 蘋果醋250c.c.
- 橄欖油少許

【裝飾】

- 綠捲鬚生菜
- 小黃瓜
- 紅彩椒
- 綠花椰菜適量

◆聰明吃醋：馬鈴薯抗癌，吃了容易有飽足感，但不必擔心肥胖，這道沙拉是減肥人士最理想的食物，可在主菜之前享用，或直接加多一些份量做為主食，幫助胃部迅速達到滿足感，就不致吃喝得超量而再為減重發愁。

【做法】

1. 馬鈴薯燙熟後去皮、切塊，待涼後與沙拉醬拌勻盛盤。
2. 蘋果醋、橄欖油拌勻淋上即可食用。
3. 此道菜色較單調，可裝飾生菜、小黃瓜、紅椒，與燙熟的綠花椰菜，更添色彩。

彩椒醋什錦泡菜

【材料】

大白菜100g　小黃瓜2條　甜黃椒1/2個　甜紅椒1/2個
西芹100g　白蘿蔔100g　紅蘿蔔100g

【調味料】

彩椒醋100c.c.　乾燥的月桂葉4片　黑胡椒粒少許

【做法】

1.把蔬菜食材洗淨切塊或片，拭乾水份，與彩椒醋一起裝進乾淨的玻璃缸裡。
2.加入月桂葉、黑胡椒粒，蓋好蓋子密封。
3.7天以後即可開封食用，當作泡菜沙拉吃。

◆**聰明吃**：這道泡菜式的沙拉清爽開胃，但無油脂成份，不必擔心發胖，是減肥排毒的好料理，食材中的大白菜也可用高麗菜代替；對於冷虛體質的女性而言，比較不那麼生冷，並可在享用時加進核桃等熱性果仁，改善生冷程度。

Pimiento vinegar assorted vegetables

Lemon vinegar assorted salad
檸檬醋什錦沙拉

【材料】

■ 小黃瓜1/2條 ■ 甜紅椒1/4個 ■ 甜黃椒1/4個 ■ 羅曼生菜2片
■ 西生菜2片 ■ 紅包心生菜2片 ■ 紫高麗菜1片切細絲 ■ 西芹1片

【醬汁】

■ 檸檬醋50c.c.■ 橄欖油少許■ 黑胡椒粒少許
■ 鹽1小匙 ■ 蜂蜜1匙 ■ 起司粉1大匙

【做法】

1.除了乾酪以外，其他醬料材料全放進碗裡拌勻成。
2.將材料一一洗淨，生菜類以手撕洗淨開，西芹切成3段，黃瓜切片，甜紅椒、甜黃椒切成小條，以冷開水加冰塊浸泡 10 分鐘以保爽脆度。
3.把處理好的食材濾乾水份放入盤中拌勻，醬汁調勻、淋入，撒上起司粉即可食用。

◆聰明吃：檸檬醋清爽可口，美白又能消脂，主餐前先來一盤檸檬醋沙拉，可幫助身體排毒，用手撕的生菜葉則保有天然肌理，健康能量不流失；橄欖油淋在沙拉上用量不多，建議選用超級純質的，不僅滋味佳，更具養生好處。
萵苣類的生菜，含鐵質量較高，最好用手撕成小片，避免刀切，若用刀切則應立刻浸泡在微酸性的檸檬汁裡約10分鐘，否則容易因與空氣接觸而呈現鐵鏽色，那就不美觀，讓人難以引起食慾。

涼拌梅醋蕃茄

【材料】

■ 大紅蕃茄1個 ■ 大黃蕃茄1個 ■ 蘋果1/4個 ■ 生菜類適量

【醬汁】

■ 梅子6個（梅醋裡醃漬的）■ 梅醋50c.c. ■ 檸檬1/2個
■ 黑胡椒粒少許 ■ 橄欖油少許 ■ 蜂蜜少許

5【做法】

1. 將醬汁中的梅子去籽切碎，檸檬搾汁，與其他醬汁材料全放入碗裡拌勻。
2. 蕃茄洗淨切舟狀，蘋果洗淨切丁，生菜以冷開水加冰塊冰鎮10分鐘以保持爽脆度。
3. 全部食材盛盤後，淋入梅醋檸檬醬汁即成，可添加黑橄欖裝飾。

◆聰明吃：梅醋殺菌解毒，消除疲勞，調和酸性體質為健康的鹼性體質，預防中老年心血管疾病，增進活力，這道開胃菜可吃進纖維和有機酸，帶動體內血液循環，能預防下半身的肥胖，愛美、想要減肥的女生就在主餐上桌之前，先來一道梅醋蕃茄吧！

Mulberry vinegar

桑椹醋凍 香草水果沙拉

【桑椹醋凍材料】

- 桑椹醋（含桑椹）50c.c.
- 糖40g.
- 水晶果凍粉40g.
- 水700 c.c.

【材料】

- 蘋果1/4個
- 草莓1個
- 桑椹3～5個
- 桑椹醋50c.c.

【做法】

1. 製作桑椹醋凍：將果凍粉溶解於水中，加入桑椹醋、桑椹和糖，一起煮開，倒入容器後，待涼備用。
2. 水果洗淨，蘋果切片、草莓切4瓣。
3. 將桑椹醋凍倒扣於盤中，旁邊擺放蘋果、草莓和桑椹。可點綴些許煉乳裝飾。

◆**聰明吃**：桑椹醋補血益肝，很多成熟的桑椹果並沒什麼甜味，所以即使買了也常吃不完而很快發霉倒掉，加上陳年醋浸泡成桑椹醋是最佳的保存方式，可供作水果沙拉的調味聖品，只要注意別選擇太熟的水果，就能把風味襯托得相當可人。

◆**聰明吃**：優格的酸鹼值在4左右，比起胃酸的PH值2～2.5還來得更為鹼性，所以食用優格不傷胃，並可補充蛋白質和鈣質，幫助消化；生育過後及中年以上婦女因體內鈣質的大量流失，容易罹患骨質疏鬆症，最適合享用這道沙拉，兼能利尿，預防痛風、風濕，美顏抗憂。

優格蘋果醋沙拉

【材料】

■ 奇異果1個 ■ 蘋果1個 ■ 紫萵苣50g. ■ 西生菜50g.

【醬汁】

■ 原味優格1杯 ■ 蘋果醋50c.c. ■ 橄欖油少許

【做法】

1. 奇異果、蘋果洗淨去皮，切塊，盛盤。
2. 紫萵苣、西生菜洗淨，以手撕開，泡冰水10分鐘才爽脆，瀝水後放入盤中。
3. 優格加蘋果醋調勻，滴入少許橄欖油，淋入盤內即可食用。

橄欖油醋羅蔓沙拉

【材料】

■ 羅蔓生菜1/2棵 ■ 罐裝鯷魚醬少許
■ 起司粉少許

【材料】

■ 綜合水果醋50c.c. ■ 橄欖油少許、

【做法】

1.羅蔓生菜洗淨後，泡冰水10分鐘，瀝水後放入盤中。
2.淋上水果醋、橄欖油，撒上鯷魚醬和起司粉即成。

◆**聰明吃**：羅蔓生菜就是普受歡迎的凱撒沙拉必用生菜，加上些許鯷魚醬，滋味出衆，但因罐頭裝的鯷魚醬很鹹，少量即可。這道沙拉以綜合水果醋取代傳統的凱撒沙拉醬汁，汲取了豐富的維生素、礦物質，把膽固醇、油脂量減到最低，堪稱夏日清爽美味、吃多也不擔心身材走樣的好菜。

美麗醋

面膜、泡澡、按摩

【面膜】

✤ 白朮薏仁醋：美白淡斑，改善膚色暗沈。

做法：50g.白朮、50g.薏仁磨粉，加入200c.c.陳年醋中攪拌調和，盛入乾淨的玻璃瓶中，做成美白敷面液。

用法：洗臉後塗抹於臉上，約20分鐘後洗去。

建議：購買本省產的白薏仁或紅薏仁才具美容效果，泰國產的薏仁不具養生藥性，純為食用而已。

✤ 蕃茄醋：調理出健康有活力的膚質，抗氧化老化，緊實肌膚。

做法：蕃茄醋（做法見p.13）3～5c.c.加純質蜂蜜少許、敷臉用的玫瑰露或玫瑰精油2滴調勻。

用法：洗臉後塗抹於臉上，一次用不完的敷面液可存放到冰箱冷藏，一星期內均可使用。

✤ 枸杞檸檬醋：使肌膚美白細緻，減輕瘀血、黑眼圈現象，預防黑斑、面皰。

做法：枸杞醋、檸檬醋（做法見p.19、27）各3～5c.c.加上磨碎的薏仁、新鮮香草植物茵陳蒿（如果買不到新鮮的，可以用乾燥的茵陳蒿，在少量熱水裡煮出汁液），再加2滴迷迭香精油混勻。

用法：洗臉後塗抹於臉上，建議睡前敷臉為宜；一次用不完的敷面液可存放到冰箱冷藏，一週內均可使用。

【薰蒸護膚免疫】

✤ 大蒜醋：

做法：晚上洗臉後，可用玻璃壺煮約10 c.c.的大蒜醋，煮沸時轉小火，讓蒸氣對著臉蒸約5分鐘，直到大蒜醋快要用完時熄火，也可以用美容用品店有售的蒸臉器或精油薰蒸器來蒸，把大蒜醋倒入原本放水或精油的小容器即可。

功效：可預防感冒、病毒傳染、促進血液循環、活化肌膚。

【泡澡】

✣ 花香浴：消除疲倦有活力，適合春天泡澡，氣味清香，
可保持一陣子的暖身效果。

泡法：25c.c.玫瑰醋加25c.c.薰衣草醋倒入溫熱的浴缸水中，泡澡15分鐘。建議添加新鮮玫瑰花瓣或2滴玫瑰精油，倍增芬芳氣氛。

功效：改善冷虛體質的手腳冰冷，促進血液循環，嫩白皮膚，舒緩心情，抗憂鬱症，擁有一夜好眠。

✣ 草香浴：適合夏天、秋天泡澡，止癢鎮痛，預防皮膚炎。

泡法：20c.c.迷迭香醋加上百里香醋、薰衣草醋各15c.c.、2片老薑、6片新鮮薄荷葉放進溫熱浴缸裡泡澡。

功效：殺菌防霉、振作精神，維護皮膚健康；老薑可促進發汗。

✣ 水果浴：適合冬天泡澡，有助暖身調溫。

泡法：30c.c.的蘋果醋加20g薏仁粉，倒入熱熱的浴缸水中，再加10g切碎的當歸，泡澡15分鐘，水溫不宜熱燙，以全身泡得舒服為宜。

功效：美白、滋潤皮膚，使肌膚不過敏，當歸對於冷虛症女性的健康最有補益，改善生理期的不順。

【按摩】

✣ 薰衣草醋：紓解疲倦和壓力。

做法：10 c.c.薰衣草醋加上2滴薰衣草精油混調，在睡前按摩肩頸。

功效：可紓解疲倦和壓力，釋放肌肉的緊繃痠痛，幫助安心入睡。

✣ 蘋果醋：促進皮膚新生光滑，去除老廢角質層。

做法：5c.c.蘋果醋加40c.c.的水溶解，按摩全身，按摩完不要立即擦掉醋液，用毛巾輕按，讓它滲入皮膚。

功效：蘋果醋最接近人體皮膚的PH值，適合外用。可促進皮膚新生光滑，去除老廢角質層。

✣ 枸杞醋：促進血液循環，消除疲勞。

做法：45c.c.枸杞醋加3茶匙優質橄欖油調拌，按摩全身。

功效：可促進血液循環，緩和精神緊張，消除疲勞，強化身體能量。

妙用醋

除臭、止痛、家務高手

✤ 改善口臭、預防感冒：

蘋果醋、檸檬醋或迷迭香醋3滴，加入自來水中刷牙漱口及漱漱喉嚨，偶爾張口薰蒸喉嚨更好，除了改善口臭，並可強化殺菌、預防流行性感冒。以醋加點鹽混水漱口，能紓緩喉嚨痛。

✤ 治療頭痛、喉嚨痛：

大蒜醋加米酒熱敷，拿紗布或毛巾沾濕，敷在頭痛、喉嚨痛的地方，表面再蓋層毛巾或保鮮膜保溫，第二天就舒坦多了。

✤ 紓緩疲勞、防治皮膚病：

把腳盆的熱水中，放入2茶匙的大蒜醋、蘋果醋或彩椒醋，可讓沈重酸痛冰冷的雙腳獲得紓緩，促進氣血循環，幫助酣睡，預防靜脈曲張；經常以醋泡腳，殺菌抗菌，有助消除黴菌、香港腳、皮膚病。

✤ 治療疥瘡：

可用加了8倍水稀釋的蘋果醋、香草醋塗在患部，感覺很舒服，多敷幾次能獲得具體的改善，但帶有刺激性的檸檬醋不宜。

✤ 家務好幫手：

醋是最佳的清潔劑、消毒劑、擦亮劑，便宜好用又不污染環境，沒有化學容器必須回收銷毀的後續問題，非常環保。只要以1湯匙陳年醋加1,000c.c.的水，來清洗蔬果、餐具、家具用品、冰箱、玻璃，可以化解黴菌。醋與水1：1的混合液可以當做除水垢劑，清除飲水機、茶壺、鍋爐、咖啡機裡的沈積水垢，再以清水沖淨即可。

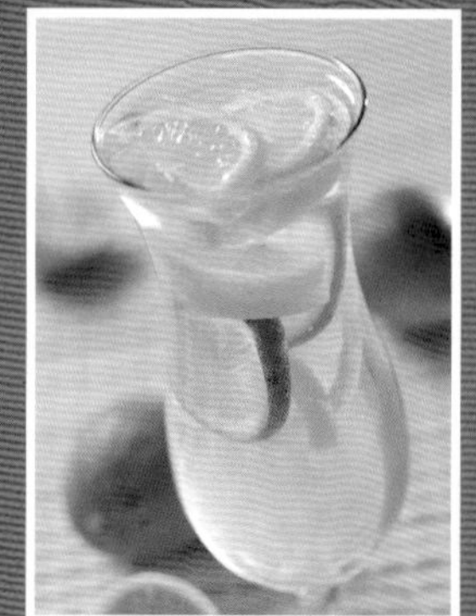

快手做菜　開懷暢飲

朱雀文化和你一同玩味生活

北市基隆路二段13-1號3樓 TEL：2345-3868　FAX：2345-3828
http：//redbook.com.tw　e-mail：redbook@ms26.hinet.net

TASTER系列

TASTER001
冰砂大全——112道最流行的冰砂　蔣馥安著　特價199元

TASTER002
百變紅茶——112道最受歡迎的紅茶・奶茶　蔣馥安著　定價230元

TASTER003
清瘦蔬果汁——112道變瘦變漂亮的果汁　蔣馥安著　特價169元

TASTER004
咖啡經典——113道不可錯過的冰熱咖啡　蔣馥安著　定價280元

TASTER005
瘦身美人茶——90道超強效減脂茶　洪依蘭著　定價199元

TASTER006
養生下午茶——70道美容瘦身和調養的飲料和點心　洪偉峻著　定價230元

TASTER007
花茶物語——109道單方複方調味花草茶　金一鳴著　定價230元

TASTER008
上班族精力茶——減壓調養、增加活力的嚴選好茶　楊錦華著　特價199元

QUICK系列

QUICK001
5分鐘低卡小菜——簡單、夠味、經點小菜113道　林美慧著　特價199元

QUICK002
10分鐘家常快炒——簡單、經濟、方便菜100道　林美慧著　特價199元

QUICK003
美人粥——纖瘦、美顏、優質粥品65道　林美慧著　定價230元

QUICK004
美人的蕃茄廚房——料理・點心・果汁・面膜DIY　王安琪著　特價169元

作者小傳

徐因

追求完美、有獨特審美理念、研發創意不斷的處女座

十年廚藝，從法國美食餐廳到法式蔬食餐廳，堅持吃素也要吃得清爽健康、夠浪漫，身材修長姣好，常被誤認為職業是空姐。

個人纖瘦美顏小秘方：把天然釀造醋當成日常生活保健飲品，飯後以純醋加水稀釋喝一杯，並常吃有機芽菜和生菜，幫助消化通暢，又能排毒窈窕。

林麗娟

十九年資歷的媒體記者

常保好奇心、求知慾，熱愛把美食、音樂、旅行、寫作結合在一起的雙子座

個人纖瘦美顏小秘方：早起喝杯檸檬醋添加純質橄欖油和蜂蜜，可以幫助排除肝毒和宿便，纖瘦窈窕，但體質虛冷者應在飯後再飲用，並調入溫補的桑椹醋。

★ 如有製醋的問題，歡迎來電洽詢 (04) 2323-6625

國家圖書館出版品預行編目資料

纖瘦醋--瘦身健康醋DIY
徐因 著.-- 初版 --臺北市：
朱雀文化, 2003[民92]
面； 公分. --(TASTER；009)
ISBN 957-0309-91-1 (平裝)
1. 食譜 2. 醋 3. 減肥
427.1 92002107

TASTER 009

纖瘦醋

瘦身健康醋DIY

作者	徐 因
文字撰寫	林麗娟
攝影	元舞影像
美術構成	許淑君
責任編輯	莫少閒
企畫統籌	李 橘
出版者	朱雀文化事業有限公司
地址	北市基隆路二段13-1號3樓
電話	02-2345-3868
傳真	02-2345-3828
劃撥帳號	19234566 朱雀文化事業有限公司
e-mail	redbook@ms26.hinet.net
網址	http://redbook.com.tw
總經銷	展智文化事業股份有限公司
ISBN	957-0309-91-1
初版一刷	2003.6
初版五刷	2004.10
定價	199元
出版登記	北市業字第1403號

◆朱雀文化圖書在北中南書店及各大連鎖書店均有販售，建議你直接詢問書店店員購買本公司圖書，如果書店已售罄，請撥本公司經銷商北中南區服務專線洽詢。
北區：(02) 2250-1031　中區：(04) 2312-5048　南區：(07) 349-7445

*感謝醋王之家提供陳年醋及鳳梨醋等數十種天然釀造醋
(04-2233-7866、02-2674-1782)
*感謝東豐實業贊助德國進口天然藍妮施蜂蜜 (04-2371-8648)。
*感謝太瑞餐具贊借餐具 (04-2207-6636)
*感謝尚品餐具贊借餐具 (04-2203-9111)

醋王之家
COUPON
有錢真好．健康更好
印心釀造固家風

斐麗巴黎廳
法式蔬食餐廳
精緻法式蔬食．悠閒品味美食
COUPON